U0289148

可装裱的

中国博物艺术

〔英〕朱迪斯·玛吉　编著

许辉辉　译

商务印书馆
The Commercial Press

2017 年 · 北京

涵芬楼文化 出品

目 录

前　言

　　博物艺术和其他艺术类型的区别在于，它需要的是准确、写实与客观，而非激情与感性。它的主要作用是帮助科学家对物种进行鉴定和分类。植物绘画通常描绘的是一株植物的不同生长阶段——萌芽期、开花期和果实期，这些绘画中还包括植物的解剖结构，通常以放大倍数绘出其内部组成以及生殖器官的数量和排列方式。动物绘画则要求写实的形态和精确的解剖结构。即便如此，大多数博物艺术家依然极少，甚至从未达到过科学家们所寻求的那种完美的真实性，他们不可避免地会呈现出自己的或是作品产生年代的画风。

　　人类创作博物艺术的过程已经延续了数个世纪，不过其绘画到了18世纪才被广泛用于科学证据。如邱园的皇家植物园、皇家学会和大英博物馆这样的科学机构，如约瑟夫·班克斯爵士和艾什顿·莱维尔爵士这样一些富裕的博物学家，他们积聚了大量艺术珍藏。

　　自然博物馆中保存的艺术与画作藏品跨越了三百年光阴，展现了博物学在历史上和科学研究中的一些意义重大的场景，囊括了世界各地众多探险与航海

发现。其中最大型的收藏系列之一属于约翰·里夫斯和他的儿子,由19世纪早期的中国画作组成。本书中再现的动植物与昆虫绘画精品就是来自这一系列,除此之外,还有一些画作来自18与19世纪其他的中国收藏系列。

身处中国的欧洲人

欧洲人前往中国的主要目的是贸易。16世纪最先抵达此地的是葡萄牙人,到了17世纪中叶,葡萄牙人、荷兰人、俄国人和英国人都已向中国派遣过探险队和商贸代表团,并获得了不同程度的成功。英国的重要棋子是英国东印度公司,它早在17世纪

后期便已在印度站稳了脚跟，并且垄断了多个主要商业领域。这个公司于1711年进一步扩张，在广州设立了一个贸易站，此后又很快为英国控制了中国的所有商贸领域，其垄断地位一直持续到了1833年。随着18世纪的到来，英国的海上优势使他们在与中国的贸易中力压群雄，稳稳超越了其他欧洲国家。东印度公司从印度购入香料、象牙和其他产品——其中包括了鸦片——以换取中国的茶叶和丝绸。

　　但是，相比在印度与其他国家的成就，东印度公司在中国的扩张处处受限，因为中国的环境对西方人并不十分有利。大多数欧洲人在此地遭到蔑视，甚至往往是被敌视，所有的社会阶层都将他们视为"洋鬼子"。各国的商人都抱怨说自己被中国商人如何敲诈勒索。在1804年出版的《中国游记》

中国广州的工厂

这张工厂景象图所署的日期是在鸦片战争刚刚结束后。东印度公司差不多是在十年前就已失去了它的贸易垄断地位，不过其工厂依然存在，并且和1812年约翰·里夫斯初次抵达时相差无几。

托马斯·阿洛姆/G. N.莱特
版画
1843年
290mm×266mm

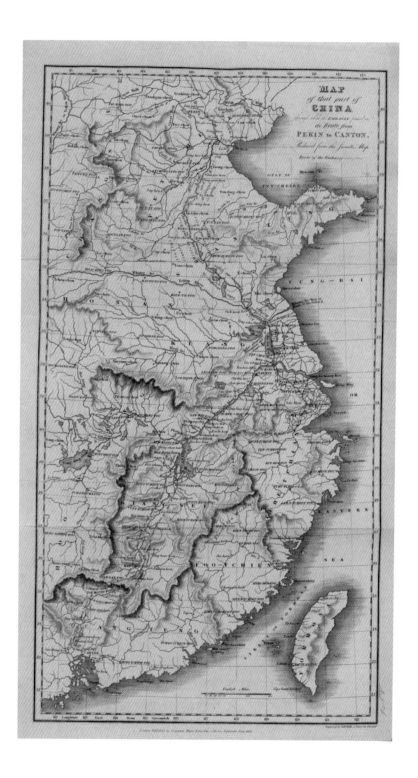

可装裱的中国博物艺术

一书中，约翰·巴罗爵士描述了收税员是如何"专横地设定进出口关税"。从1757年开始，清朝便将欧洲与中国的贸易限定在了中国南部的广州港，而且交易季节也被限制在了10月至来年3月间。在一年余下的时间里，欧洲人被迫离开中国大陆，许多人选择居住在澳门。一切商业活动都被严格掌控在称为"行"的家族制贸易商行手中，并需由中国政府颁发许可，其中包括东印度公司的商业活动，这家公司在18世纪末已成为英国帝国统治的代理者。对于商贸以及欧洲人深入内陆的限制一直持续到了1842年鸦片战争结束，在那之后，贸易关系开始渐渐松弛，而英国的帝国主义则开始变本加厉。

到了18世纪晚期及19世纪早期，广州已成为一个繁荣的商业中心、一个国际化的交易聚集地。这些商人在此交换货物与信息，他们来自世界各地，以及中国的其他地区。欧洲商人常驻于珠江沿岸的工厂和仓库中，他们被禁止进入高墙环绕的城市，但可以使用港口熙熙攘攘的市场。在市场出售的众多商品中，有许多植物、动物、鸟类、贝类、矿物、皮毛和种子。这些商品并非完全来自中国，有一些是由水手、商人和旅行家在环游世界的过程中带到广州来的，许多物种正是经由这些市场才最终抵达欧洲科学家和收藏家的手中。植物的一个重要来源是工厂对岸的花地苗圃，以及城墙外的少数苗圃。

对中国的科学兴趣

欧洲对中国的科学兴趣在其博物学中占有重要

地位。在英国，这种兴趣源自大量民众对博物学的着迷，这些人收集标本、参加讲座、阅读日益增多的出版物，并参与形成了一个爱好者交流网络。那些周游异国的人如饥似渴地想要了解未开发新大陆上的动植物。而在中国，对这种兴趣的追求只是一种副产品，它们源自东印度公司人员参加的商业活动。

中国人对于植物的认识在数千年里稳步深入，早在14世纪便已建立了植物园。研究植物是一件平常事，人们花费大量时间研究有益植物的不同属性，将它们用于医药、食物、建筑材料及其他用途。从公元5世纪开始，中国便产生了大量关于植物的文学作品。但不幸的是，为东印度公司工作的大部分人员都不懂中文，要么不会写，要么不会说，对于那些搜索动植物知识的人而言，这是个大缺陷。

在英国花园里，对于来自中国的漂亮新植物的需求于19世纪早期达到了顶点。约瑟夫·班克斯爵士——皇家学会的主席，当时最具影响力的博物学家之一，他积极促进了中国植物及种子的收藏，并且他有能力派出园艺家加入1792年及1816年前往中国的两个英国商贸代表团。然而，这两次商务出使都以失败告终。中国方面断然拒绝了英国的外交意图，而英方收集的少量物种标本也在返回英国的途中随海难消逝。

因此，科学数据与物种的交流只能依靠一些为东印度公司工作的博物商人，同时他们对这一学科格外感兴趣。广州拥有一些历史悠久的苗圃，除了城内的园地，也有城外的花地苗圃，多年来他们都在为中国园林提供着苗木。到了18世纪晚期，在博物商人的协助下，他们也开始为欧洲提供植物，其中许多植物对科学界来说都是全新的物种。

这些博物商人被约瑟夫·班克斯、邱园的威廉·胡克和约瑟夫·胡克视为重要的通讯员，他们将科学数据和物种传递给各种科学机构，比如皇家学会、邱园植物园、园艺协会和伦敦动物学会。到了18世纪，约翰和亚历山大·邓肯、亚伯拉罕·休谟勋爵和约翰·布拉德利·布莱克等人，将诸如玉兰（*Magnolia denudate*）、山茶（*Camellia japonica*）和牡丹这样的植物引入了英国。布莱克于1766年抵达广州，在之后的三年里，他将大量闲暇时间用以探索广州的博物学，并收集植物和种子，他还委任当地艺术家绘画他在旅行途中收集的某些果实。

约翰·里夫斯

在东印度公司入驻中国的近一百五十年里，在博物学领域中最为活跃的领头人当属约翰·里夫斯。1774年，他生于艾塞克斯，是一名牧师的儿子。1808年，他被任命为东印度公司的英国茶叶督察。到了1812年，他作为助理督察被派往中国，之后成为广州的茶叶总督察。此时，茶叶已代替丝绸，成为最重要的出口商品。里夫斯将中国当作自己的家，在此生活了19年，期间只离开过两次。他的职务是茶叶督察，而空闲时间则用来研究博物学。

里夫斯所受的科学教育是有限的，而且他从未期望能成为一名精通有机体命名、排序及分类的专家，在19世纪早期，这些严格的步骤在生物科学领域占据了主导地位。他不是一位伟大的野外博物学家，从未真正有机会去探索那些以他的名字命名的领域。然而，他为英国的研究者们提供了标本、数据以及最重要的博物学画作，从而对科学做出了不可磨灭的贡献。

在抵达广州后不久，里夫斯就与热爱自然科学的中国人和西方人建立了联系。他走访花地苗圃和售卖动植物的市场；他与商行的商家深入交往，后者自己就拥有华美的花园，其中不乏别处难寻的珍稀植物，里夫斯送回欧洲的奇株异草中就有不少种类来自这些花园；他与众多专业人士联系，他们总有一些需要出售或交换的东西。在居住澳门期间，里夫斯还与决定永久居留于此的西方人建立了友谊。他们中许多人都是退休的商人，住在拥有大花园的房子里，花园里种满了广受欢迎的植物，其中一些人还笼养着许多动物和鸟类。这些动物园子和鸟舍中最大且最知名的一个属于托马斯·比尔，他的鸟舍中有数百种来自世界各地的异域鸟类，其中许多都被描绘在了里夫斯收藏的画作中。事实上，里夫斯藏品中的"野鸡"就是来自比尔的鸟舍，1829年约翰·爱德华·格雷便以里夫斯的名字为这种鸟类命名。*

里夫斯多年负责向欧洲输送大量植物和种子，同时他还花费了许多时间和精力寻求运输它们的最佳方法。尽管他费尽心力，但大多数植物还是未能抵达它们预期的目的地。冒着巨大的风险，远航将大量植物祭献给了天气变化、缺水、

---

* 译者注：此处指白冠长尾雉，其学名为：*Syrmaticus reevesii*。

照明不足和盐水。另外还有船难，以及海盗和敌舰抢夺财物的危险。尽管如此，但里夫斯所实行的另一项重要的行动取得了更大的成功，那就是系统性地委托当地艺术家绘制博物画作。

艺术中的博物学

对于科学研究而言，一个标本配备一张图例和一些文本资料是非常理想的组合形式。在中国，人们形象化记录植物以将其运用于植物学研究早已长达数世纪，所以，绘制植物单体及其部分对于中国艺术家来说不是什么新鲜事儿。19世纪早期有着各式各样描绘博物的艺术作品，有一些精美的作品是由博学多才、经验丰富的艺术家绘制的，他们通常被称为学者型艺术家。这些大师对中国文化、神话和历史有着深入的了解，并将其运用于他们极其程式化的艺术作品中。动物、鸟类和植物的图形遍布于纸张、丝绸、瓷器、家具和首饰上，这些艺术品大多数都留在了中国本土，只有一小部分通过各种方式流入了欧洲人手中。

有一些画作主要是为了西方市场创作的。仅东印度公司就委托创作了大量绘画，其中许多作品都涉及博物主题。这些画作通常被作为藏画、商品或出口绘画，它们是由代代相传的家庭式作坊中的工匠或手艺人创作的。在这些家庭经营的作坊中，小一辈作为学徒跟随年纪大的技师学习技艺数年。这些作坊以流水作业为操作方式，有时也根据西方顾客的要求绘制。这些艺术家在绘制博物主题时，很少使用一种原型标本，他们常常会绘制由不同的动植物组成的复杂画作。许多作品的背景都是虚构的，有时在自然界中毫无关系的动植物也会被画在一起。不少作品以明亮的色彩和硬朗的画法来区分，但疏于运用光影，致使画面相当平实。在这些绘画中，艺术家并不追求科学的精确与写实，他们的主要目的是使它看上去很美。中国纸与墨水被广泛运用于藏画中。

上述这些艺术品种类都没有什么真正的科学用途，而里夫斯对学界的重要贡献就在于此——他委托创作并收集了众多关于博物主题的科学画。由里夫斯送往英国的很多画作缺少相应的标本，并且除了鱼类外，其他画作显然都完全没有细节描述。这被看作里夫斯藏品的一个缺陷，降低了其科学价值。不管怎样，在缺少标本的情况下，准确的绘画就是最棒的替代品。当这些画作中描绘的动植物首次介绍给西方科学家时，这就是尤其真实正确的。因为这些画作有时是获得的唯一信息来源，所以它们依然是有价值的。

里夫斯委托绘制的主题往往不只有一份拷贝，比如鱼类画作就有四套相同的作品。对于植物学家和动物学家来说，在进行分类学研究以及描述新物种特征时，这些作品都是重要的资料。根据里夫斯藏品辨认出的不仅有新物种，还有栽培植物的新变种。19世纪早期，花地苗圃在欧洲园艺界变得非常有名，它们向英国的苗圃出口了数千种植物，而这些植物又被后者提供给了富人的花园。园艺协会、邱园和爱丁堡的皇家植物园都是广州苗圃栽培植物的大客户。

1817年，里夫斯与伦敦园艺协会商谈，决定不仅向后者输送植物，同时还发送画作。许多植物画作的主题都是园艺主题和栽培植物，通常在这样的画作中强调的重点是颜色、形态和结构。相反，植物学画作所需要的是植物果实的解剖结构放大图。

动物画作的科学价值则有所不同。里夫斯藏品中不乏精确的科学画，它们描绘了有助于鉴别物种的突出特征或解剖结构。其中一个例子是对中国鼬獾的面部特写图（见第88页）。还有一些图例更程式化，典型的是藏画，它们通常有精美的背景，或装饰了花朵或昆虫。

约翰·里夫斯从欧洲工厂附近的家庭作坊中雇用了技巧熟练、卓有天赋的艺术家。不过只有寥寥几人将名字签在了画作上，而里夫斯的笔记本里也只列出了四个名字：阿库（Akut）、阿康（Akam）、阿秋（Akew）和阿桑（Asung）。我们现在已知道他们是当时工作于广州和澳门的艺术家，他们被视为绘制藏画最成功的几位大师。创作出口绘画或藏画时，可能会由几名艺术家合作，每个人负责画作的一部分，而与此不同的是，里夫斯的艺术家独自负责单一的主题。鉴于对成品质量的重视，里夫斯为他的艺术家提供进口的欧洲画纸、水彩和铅笔，最重要的是，他还指导他们如何创作博物图例，详细地规定动植物画作的细节。他列出鉴定动植物的关键特征，为艺术家提供标本，以便他们观察及描绘。

这些画作很少标明创作日期，不过大多数纸张上都有水印，而水印的日期从1795年延续至1831年，各不相同。里夫斯在许多委托画作上印了他自己的家族纹章，这些纹章有两个版本。第一个是非正式的，在他首次使用时还不为人所知。第二个纹章是从1826年2月开始使用的，此时他已被授予正式的纹章。在许多画作的中文描述里，也包含了植物或动物的粤语名称。

里夫斯加入了园艺协会和伦敦动物协会，1817年他还被选入皇家协会和林奈学会，人们以此肯定了他对中国博物学研究做出的贡献。他在退休之后仍然热衷于博物学探索。他在园艺协会中非常活跃，他建立了中国委员会，并在他的余生中和中国一直保持着紧密的联系。

约翰·罗素·里夫斯

1827年，里夫斯的儿子约翰·罗素也前来广州和父亲会合，跟随父亲进入了茶叶贸易行业，也像他父亲一样，成为了东印度公司的一名茶叶督察。当里夫斯在1831年退休时，约翰·罗素接替了他总督察的职务。事实证明，他和他父亲一样对博物学充满热情。他继承父亲的遗志，作为一名身在中国的博物学家，为其祖国的科学家和科学机构工作。他在中国度过了30年，亲身经历了鸦片战争（1839-1842年）的动乱及其余波——中国其他地方的港口开始对欧洲商人开放，并且英国人占领了香港。随着对进入中国内陆的限制渐渐减少，探索这片大陆自然状况的机会也慢慢增多。

约翰·罗素·里夫斯于1857年退休，自那时起便住在温布尔顿，直至20年后去世。他从他父亲那里继承的画作收藏被他的遗孀赠送给了大英博物馆的自然分部。

在中国的其他博物学家

到了19世纪中叶，英国人对中国的博物学研究集中在了几个区域。香港于

1842年变成英国殖民地后，一个与邱园关系紧密的植物园在此地建立了。另外还出现了一个植物学家与动物学家的关系网，他们彼此交流并交换标本。之前，东印度公司一直是输送信息与收集本土植物、动物和鸟类的关键人脉集中地，而如今这一角色已由英国领事馆接替。1871年，查尔斯·福特被任命为香港植物园的负责人。郇和在中国各地居住了多年，成为动植物领域最重要的收藏家之一，有许多新物种是以他命名的，尤其是鸟类。园艺协会的植物收藏家罗伯特·福琼早在1843年便已来到中国，花费多年时间探索不同地域，并冒险乔装打扮，深入那些当时还禁止欧洲人进入的区域。亨利·弗莱彻·汉斯是领事馆的另一位成员，他于1844年首次抵达中国，并在这里逗留了42年，长期研究从全国各地的联系网寄给他的植物。他累积了巨量的植物标本，并将它们留给了大英博物馆。同时他继续委托当地艺术家绘制生物，如今伦敦自然博物馆中藏有一份极其美丽的珍本，其中绘有来自香港的50种植物。

对那些希望收集并研究中国博物学的人而言，对欧洲人的强制禁令是一个巨大的阻碍，他们无法进入除广州港外的任何中国地区。而在亚洲的其他区域，比如印度，东印度公司的负责人可以毫无限制或束缚甚少地组织探险队勘察大陆并收集标本。欧洲人对于中国博物学的了解进展缓慢，不过仍然保持着生机，这多亏了像里夫斯及其儿子这样的人，以及他们对于收集标本和画作的热情与专注。他们为欧洲人对中国博物学的研究打下了坚实的基础，由此为19世纪晚期和20世纪初的一些伟大的探险家与收藏家铺平了道路。

参考文献

Fan, Fa-ti, *British Naturalists in Qing China: Science, Empire and Cultural Encounter.*
Harvard University Press, Cambridge,MA,2004.

Whitehead, Peter and Edwards, Phyllis,
Chinese Natural History Drawings: Selected from the Reeves Collection in the
  British Museum(Natural History).
Trustees of the BM(NH).London,1974.

Needham, Joseph, *Science and Civilisation in China: Vol 6. part 1, Botany.*
Cambridge University Press, Cambridge,1986.

植物学的艺术

檸
檬

茶花

酸橙（左页图）

（*Citrus aurantium*）

早在被引进欧洲的许多年前，栽培的柑橘属植物就已出现在中国市场上。图中这一种在英国常常被称为塞维利亚橙子（Seville orange）。

布莱克

水彩画

约1768年

488mm×348mm

山茶（上图）

（*Camellia japonica*）

如里夫斯收藏的插画一样，约翰·布拉德利·布莱克在1767—1768年委托创作的绘画都是由当地艺术家完成的，而且这些画作中有许多物种都注明了果实或植物的中文名称。

布莱克

水彩画

约1768年

490mm×348mm

牡丹（上图）

（ *Paeonia suffruticosa* ）

这种植物是在18世纪末由约翰·邓肯引进英国的，首位描述它的是植物学家兼艺术家亨利·安德鲁斯。安德鲁斯的岳父是来自哈默史密斯的约翰·肯尼迪，他是当时最成功的园艺师之一。他的大型苗圃里的植物来自世界各地，其中也包括中国。

里夫斯
水彩铅笔画
约1812－1831年
320mm×248mm

紫玉兰（右页图）

（ *Yulania liliiflora* ）

这种玉兰原产于中国西南部，并已在中国和日本广泛栽培数个世纪。它是从日本首次引进英国的。

里夫斯
水彩铅笔画
约1812－1831年
380mm×285mm

可装裱的中国博物艺术

山玉兰（上图）

（*Lirianthe delavayi*）

这种常绿植物原生于中国南部。它的杯状花朵芬芳、柔滑，开放于夏日。叶片朝上的一面宽阔亮泽，褐色的底面则毫无光泽，正如艺术家在图中所画的一样。

里夫斯

水彩铅笔画

约1812－1831年

372mm×490mm

莲（右页图）

（*Nelumbo nucifera*）

莲属是水生植物，它位于花朵中心的种皮形态特殊，风干后会被当作装饰品贩售。这种又称为荷花的莲花最早起源于印度，是该国国花。不过在数百年中，它们已经遍及包括中国在内的其他亚洲区域。

里夫斯

水彩铅笔画

约1812－1831年

478mm×368mm

可装裱的中国博物艺术

可装裱的中国博物艺术

莲（左页图）

（*Nelumbo nucifera*）

莲的所有部分都可以食用，亚洲各地的人们以许多不同的方式使用它们，从泡茶到点缀餐盘。在中国，这种植物的每个部分都有自己的名称。比如说，种子被称为"莲子"，人们将其看作是植物最重要的一部分。

里夫斯
水彩画
约1812—1831年
390mm×295mm

山茶（上图）

（*Camellia japonica*）

山茶属全都属于茶树家族，即山茶科（*Theaceae*）。尽管山茶的拉丁文种名直译的意思是"日本"，不过其大多数栽培类型都来自中国。恩格尔伯特·肯普费于1690年代访问日本，首次描述了这种植物，并在1730年代最先将它带回英国。山茶的品种丰富多样，有各种各样的色彩和花型。

里夫斯
水彩画
约1812—1831年
462mm×367mm

山茶（上图）

（*Camellia japonica*）

山茶的属名 *Camellia* 是由林奈为纪念捷克耶稣会士兼植物学家乔治·约瑟夫·卡莫而命名的，后者成年后的大部分人生都是在菲律宾度过的。中国亚热带地区的山谷与森林中生长着许多野生山茶。

里夫斯

水彩画

约1812—1824年

463mm×373mm

莲（右页图）

（*Nelumbo nucifera*）

中国艺术作品中描绘最多的花就是莲花。它象征了佛教的一些品质，尤其是纯净。我们可以在最早的佛教插画中找到这种花。另外，它在中医药方面也有许多用途。

里夫斯

水彩画

约1812—1831年

405mm×375mm

可装裱的中国博物艺术

白蓮花

124

刺桐（上图）

（*Erythrina variegata*）

这种树木可以生长到大约二十米的高度，开出
灿烂的满树红花。它原产于印度和马来西亚的
海岸边，如今已遍布热带低地，并拥有用途多
样的各种栽培类型。比如说，人们会在咖啡与
可可种植园中将它栽作遮荫树，或是将它当作
棚架树，供黑胡椒、香草和山药攀爬。

里夫斯
不透明水彩画
约1812–1824年
378mm×482mm

栀子（右页图）

（*Gardenia jasminoides*）

栀子是一种花香甜美的常绿灌木。这一属的所
有种类都原生于热带及亚热带地区，而中国的
森林中有许多种野生栀子。图中的栀子是这一
属中开白色花的种类，它原产于南中国和日本。

里夫斯
水彩画
约1812–1824年
437mm×374mm

可装裱的中国博物艺术

28

植物学的艺术

13

朱槿（左页图）

（*Hibiscus rosa-sinensis*）

里夫斯收藏的画作是重要的科学图例，鉴于它们往往是该动物或植物的唯一信息来源，这些画作就显得更加重要。因为许多相应的物种从未能成功地被运抵英国。

里夫斯

水彩画

约1812-1831年

457mm×355mm

黄葵（上图）

（*Abelmoschus moschatus*）

黄葵是印度的一种天然植物，与可食用的咖啡黄葵（*Abelmoschus esculentus*）有亲属关系，不过前者的果实干而多刺。人们将它气味芳香的种子用作麝香的代替品，并运用于传统医药。

里夫斯

水彩画

约1812-1831年

412mm×345mm

植物学的艺术

感应草（左页图）

（ *Biophytum sensitivum* ）

这种植物就像一株微型棕榈树，它的叶子能对触碰产生感应。本图画出了植物的根系，这很不寻常，因为植物学图例或园艺画作中很少绘出植物的根部。不少文化体系认为这种植物有药用价值。

里夫斯

水彩画

约1812－1831年

344mm×209mm

柚（上图）

（ *Citrus maxima* ）

柚原产于中国。葡萄柚是一种杂交作物，我们已不清楚它的来源，不过它很可能是于18世纪晚期出现在加勒比海地区的。人们相信葡萄柚的亲本之一就是柚。

里夫斯

水彩画

约1812年

405mm×479mm

芒果（上图）

（*Mangifera indica*）

芒果原产自印度，不过现在这种植物已遍及整
个南亚的热带与亚热带地区。它是一种重要的
经济作物，并且是整个芒果家族中最驯化的。

里夫斯

水彩画

约1812−1824年

413mm×494mm

紫藤（右页图）

（*Wisteria sinensis*）

紫藤是一种攀缘植物，它原产自中国以及其他
东亚国家。人们认为第一株活着抵达英国的紫
藤是约翰·里夫斯于1818年送回的。

里夫斯

水彩画

约1812−1824年

470mm×383mm

可装裱的中国博物艺术

可装裱的中国博物艺术

腊肠树（左页图）

（*Cassia fistula*）

和通常的植物画作一样，这张图并没有绘出完整的植株。相反，它只画出了生殖器官，即花和果实。

里夫斯

水彩画

约1812—1824年

473mm×412mm

梅（上图）

（*Armeniaca mume*）

梅花和其他开花的李属植物是中国国画中非常受欢迎的主题，它们常常被绘制在纸上、丝绸或瓷器上。这种绘制技巧与书法技巧很相似，却和里夫斯雇用的艺术家所用的绘画技巧区别甚大。梅花开放在早春，并且香气浓郁。

里夫斯

水彩画

约1812—1824年

473mm×411mm

蔷薇属栽培种（左页图）

（*Rosa cultivar*）

18世纪末被引进欧洲的中国月季对全世界的玫瑰都产生了巨大的影响*。诸如香气、色彩和攀缘习性等特征都很重要，不过其中最关键的是延长花期的基因。这种基因是月季花特有的，在一千多年前就已被中国园艺家发现。

里夫斯
水彩画
约1812−1824年
455mm×355mm

译者注：月季与玫瑰同属蔷薇属。月季的栽培育种自有史以前便已开始，现代月季的自然花期是从8月至来年4月，其花型多样、颜色丰富、品种繁多。如今市场上所售称为"玫瑰"的花，绝大多数都是月季。

大戟属（右图）

（*Euphorbia sp.*）

大戟属拥有超过两千个物种，其中许多是肉质植物。在中国，某些大戟属植物被用于传统中医药。

里夫斯
水彩画
1812−1831年
300mm×126mm

Fruit of Cactus Triangularis. Sturges Garden

78 2/2

三棱箭（左页图）

（*Hylocereus triangularis*）称为夜之女王果实

生长这种果实的仙人掌原产自南美及加勒比海地区，属于仙人掌中称为仙人柱属（Cereus）的一个大群体*。一些水手和商人希望通过贩卖异域未知植物而获利，于是带着许多与众不同的花朵穿过印度洋来到中国。这些仙人掌中有许多种类都被称为夜之女王，因为它们的花朵是在夜间开放。

里夫斯

水彩画

1812−1831年

198mm×126mm

菊花（上图）

（*Chrysanthemum morifolium*）

图中的两株菊花都是栽培种。橙色的是一株翎管型菊花，其外侧花瓣呈长管状，尖端开口，和鸟类翎羽相似。

里夫斯

水彩画

约1812−1824年

430mm×362mm

植物学的艺术

多心菊

沉香球

菊花（左页图）

（ *Chrysanthemum morifolium* ）

菊花原产于中国，并已在此杂交繁殖了数百
年。这种花于17世纪被引进欧洲，从此成为英国
花园里的主要植物。菊花早在公元8世纪便已引
进日本，在那里以及中国，它们是许多美德的
象征，因其在秋季开放，于是特别象征了长寿。

里夫斯
水彩画
约1812−1824年
457mm×381mm

香茅和竹笋（上图）

在18世纪早期，英国人对于中国植物的主要兴趣
在于其观赏价值，他们希望这些花朵和灌木被
栽种于英国的花园中。到了1820年代末，尤其是
东印度公司失去其贸易垄断权后，人们对可食
用及可入药的经济作物兴趣渐增，比如图中的
香茅。

里夫斯
水彩画
1812−1831年
369mm×413mm

植物学的艺术

甘蔗（上图）

（ *Saccharum officinarum* ）

甘蔗是原产自南亚及东南亚的一种草本植物，作为一种农业作物在中国拥有相当长的历史。为这种作物防治害虫的方法之一是利用红蚂蚁（ *Tetramorium guineense* ）。生物防治病虫害的技术已在中国实践了许多世纪。

里夫斯

水彩画

1812-1831年

411mm×493mm

藏报春（右页图）

（ *Primula sinensis* ）

报春花属有数百个物种，虽然它们广泛分布于温带的大部分地区，但人们发现其绝大多数种类都生长于中国的喜马拉雅山脉。它是早春首批开花的植物，其学名正源于此。在维多利亚时代的英国，报春花是很受欢迎的绘画题材，而图中着色如此雅致的这一中国物种无疑是人见人爱的。

里夫斯

水彩画

约1812-1824年

457mm×386mm

可装裱的中国博物艺术

连
翘

波罗蜜

（*Artocarpus heterophyllus*）

波罗蜜是南亚土生土长的植物，并且是南中国丰富多样的植物群
体中的一员。它又大又重的果实长在树上，与桑椹有亲缘关系。
众多东南亚食物都用其果肉作为食材。

里夫斯

水彩画

1812—1831年

400mm×492mm

可装裱的中国博物艺术

油松

（ *Pinus tabuliformis* ）

这种植物原产自中国的大部分山区，因其可爱的枝条形态而被广泛栽培。它的材质较硬，其商业价值来源于树脂。松脂通过蒸馏可得到松节油。

里夫斯
水彩画
1812－1824年
401mm×488mm

植物学的艺术

Cypripedium

Cotted hemDiralen said John Chapman 1822

169   I3

紫纹兜兰（左页图）

（*Paphiopedilum purpuratum*）

这张兜兰画作又是一幅精美的作品，我们可以从中看出为里夫斯工作的艺术家拥有怎样的绘画技巧。他们与当时欧洲许多最著名的艺术家不相上下。

里夫斯

水彩画

1812－1831年

247mm×195mm

椰子（上图）

（*Cocos nucifera*）

椰子树是一种大型棕榈树，作为一种经济作物，它广泛种植于整个热带地区。人们通常认为它原产于南亚，而后渐渐遍及全球各地，其中包括南美。到了19世纪，欧洲人和中国人都已经对它很熟悉了。

里夫斯

不透明水彩画

约1812－1824年

398mm×493mm

植物学的艺术

槟榔（上图）

（*Areca catechu*）

公元5世纪的书籍《林邑志》（*Lin-I Chi*）*中曾描述过这种树，不过一些学者认为这些描述是抄自约更早六百年前的一部作品。它描述道：当风吹过叶间时，就如羽扇轻抚天空。乔瑟芬·李约瑟，第六卷，第一部分，第446页。

里夫斯
不透明水彩画
约1812−1831年
401mm×488mm

红蕉（右页图）

（*Musa coccinea*）

这种植物的原产地包括中国，以及其他南亚国家。它主要是作为装饰植物而非食用作物存在的。

里夫斯
不透明水彩画
约1812−1824年
484mm×383mm

译者注:《林邑志》中的林邑古国，位于如今的越南顺化等地。其原为汉朝一县，于东汉末年立国，至明代灭亡。

花魔芋

（*Amorphophallus konjac*）

这种魔芋属植物生长于中国和日本，有着巨大的可食用球茎。其球茎是生长于地下的淀粉储存器官，可以长至直径25厘米的大小。魔芋制成的果冻状食品常常被当作减肥食品。

里夫斯

水彩画，不透明颜料和阿拉伯树胶

约1826－1831年

380mm×489mm

可装裱的中国博物艺术

山竹

（*Garcinia mangostana*）

这种树原产自巽他群岛和印度尼西亚的摩鹿加群岛，现在你可以在亚洲的大多数热带区域找到它。它因其可食用的果实而被广泛栽培。

里夫斯
水彩画
约1814—1831年
385mm×493mm

植物学的艺术

罂粟（左页图）

（ *Papaver somniferum* ）

这是有红色重瓣花的野生罂粟的栽培变种。在19世纪，中国的法律禁止贩售鸦片。然而，英国人从种植该植物的印度将毒品偷渡进中国，这种行为一直持续到了1830年代，并最终导致鸦片战争爆发（1839-1842年）。

里夫斯
水彩画
约1816-1831年
450mm×358mm

榴莲（上图）

（ *Durio zibethinus* ）

这种植物果实的气味被描述为恶臭并令人厌恶，不过它的味道却很不错，尝起来像草莓和奶油。可食用部分被包裹在多刺的果壳中，由柔软的果肉和种子组成，人们会将它烹调过再食用。

里夫斯
水彩画
约1816-1824年
365mm×495mm

植物学的艺术

姜（左页图）

（ *Zingiber officinale* ）

姜的地下茎部分是一种重要的经济产品。全世
界都将它用于医药和烹饪，不过最早开始栽培
它的是亚洲人。

里夫斯
不透明水彩画
约1817—1824年
491mm×382mm

向日葵（上图）

（ *Helianthus annuus* ）

向日葵原产自美洲，远在这张画于中国完成的
许久之前，欧洲人就已经很熟悉这种植物了。
到18世纪时，向日葵已是许多欧洲花园的常客。

里夫斯
水彩画
约1818—1831年
419mm×368mm

植物学的艺术

红毛丹（上图）

（*Nephelium lappaceum*）

这种常绿植物原产于东南亚，并因其可食用的果实而受到栽培，这和荔枝的情况相仿。它的俗名 "rambutan" 是马来语中 "长毛" 的意思，这个词非常形象地描述了果壳的外形。

里夫斯
水彩画
约1831年*
407mm×493mm

译者注：此处原文为：1819-1931年。结合起背景与上下文，原文有误，应该是1831年。

旅人蕉（右页图）

（*Ravenala madagascariensis*）

旅人蕉在英文中被称为 "旅人棕榈"（traveller's palm），但实际上它属于鹤望兰属（Strelitzia）*，并原产于马达加斯加。它的主要授粉者之一是领狐猴（ruffed lemur），即第92页所描绘的动物。

里夫斯
水彩画
1826-1831年
493mm×383mm

译者注：该属与鹤望兰属都属于旅人蕉科。旅人蕉：旅人蕉科，旅人蕉属。

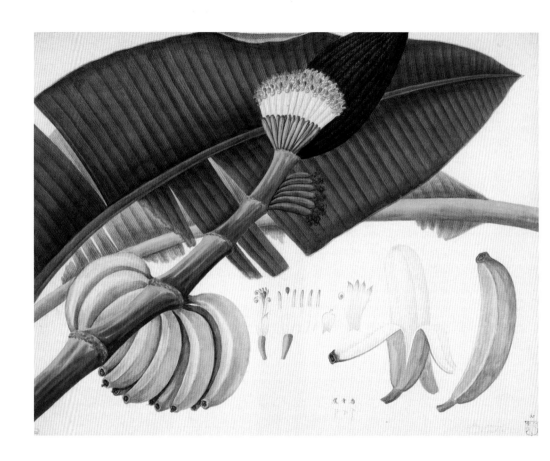

大蕉（上图）

（*Musa paradisiaca*）

香蕉的栽培种——包括大蕉在内全都是杂交种，并且没有可繁殖的种子。这种植物原产于南亚及东南亚，因为栽培历史过久，已无野生类型存活。

里夫斯
水彩画
约1826－1831年
383mm×492mm

凤梨（右页图）

（*Ananas comosus*）

西班牙人与葡萄牙人在南美发现凤梨后，便将它带到了其他热带地区。它的果实可以食用，现今在东南亚种植的广泛程度已与美洲相当。

里夫斯
不透明水彩画
1826－1931年
491mm×379mm

杜鹃花

（ *Rhododendron sp.* ）

许多杜鹃花种类都原产自中国喜马拉雅山脉地区，那是印度、缅甸和中国藏区的交汇山地。杜鹃花约有一千种，其中七百多个品种都源于这些山峦之中。

里夫斯

水彩画

约1829−1831年

382mm×244mm

可装裱的中国博物艺术

刺轴榈

（*Licuala spinosa*）

这种棕榈植物原产于东南亚热带地区。它的英文名中隐含有"红树林"的意思，正如其暗示一样，它生长在水边，通常是河堤或海滨地区。

里夫斯
不透明水彩画
约1826-1831年
384mm×475mm

朱蕉

（*Cordyline fruticosa*）

里夫斯在1826年获得了官方承认的纹章，在此之前，他一直使用
另一版非正式的纹章。由于早期的绘画中所印的是非正式的纹
章图样，这有助于我们鉴别这些艺术作品的完成时间。里夫斯于
1824年前往英国，在1826年年初再次返回广州。因此，任何使用早
期纹章的画作都是1824年之前完成的。

里夫斯
水彩画
约1826-1831年
379mm×489mm

可装裱的中国博物艺术

腰果

（*Anacardium occidentale*）

这种植物原产于巴西，但也已在东南亚繁衍了很久，将它引进东
南亚的很可能是葡萄牙人。里夫斯的收藏中有多张画作另有备
份，这张画作便是其中之一。它的复制品目前存于其他关于印度
与东南亚植物图例的收藏中。

里夫斯

水彩画

约1829−1831年

389mm×470mm

刺毛杜鹃（上图）

（*Rhododendron championae*）

这一优美的绘画收藏是由50张植物画作和3张广州风景图组成的。汉斯雇用了一名居住于香港的中国艺术家为这一收藏系列绘制了图中的植物，他将该系列命名为"香港植物册"。

汉斯藏品

水彩画

1853年

468mm×315mm

紫纹兜兰（右页图）

（*Paphiopedilum purpuratum*）

亨利·汉斯在驻中国领事馆中工作了不止42年。他将自己的大多数闲暇时间都用来研究中国植物，以及建造一个巨大的植物标本馆，其中有许多标准样本。他是一张广阔交际网中的焦点人物，这个网络由收藏家和中转人士组成，其中许多人都向汉斯寄送由中国各地收集的植物。

汉斯藏品

水彩画

1853年

468mm×315mm

可装裱的中国博物艺术

Cypripedium purpuratum.

动物学的艺术

紫水鸡

（*Porphyrio porphyrio*）

这张极尽精美的画作是绘在通草纸上的，这种纸是人们手工削切通脱木茎干内芯薄片而制成的。一等纸片干透，就可以往上绘制水彩画了。这张图色彩明亮、轮廓鲜明，是藏画的绝佳范例。通草纸使整张画作更显得透明，图中的鸟几乎像是画在玻璃上的一样。

亚农（Anon）

通草纸水彩画

约1820年

195mm×300mm

可装裱的中国博物艺术

红嘴蓝鹊

（*Urocissa erythrorhyncha*）

这种鹊分布在由中国至越南的喜马拉雅山区。这张画作代表了里夫斯科学图例中的中国设计风格，鸟儿栖在木槿花枝上，为观者呈现了一幅程式化但极其优美的作品。

里夫斯
不透明水彩画
约1812－1824年
380mm×492mm

动物学的艺术

小极乐鸟（上图）

（*Paradisaea minor*），雄性

这种鸟类原生于新几内亚、阿鲁群岛和印度尼西亚的山林中。这种极乐鸟是该属中最大的群体，马来的商人将它称作"上帝之鸟"。雄鸟会在例行的求偶舞中展示它们精美的翅膀——它们大群聚集在枝头，竖起羽毛并持续地抖动。

里夫斯

不透明水彩画

约1812-1824年

385mm×494mm

里夫斯纹章

棕树凤头鹦鹉（右页图）

（*Prosciger aterrimus*）

棕树凤头鹦鹉原生于新几内亚和澳大利亚北部，它巨大而有力的鸟喙使它能咬碎非常坚硬的坚果和水果。这张华丽的画作很可能是参照托马斯·比尔鸟舍中的标本绘制的。

里夫斯

不透明水彩画

约1812-1831年

492mm×384mm

可装裱的中国博物艺术

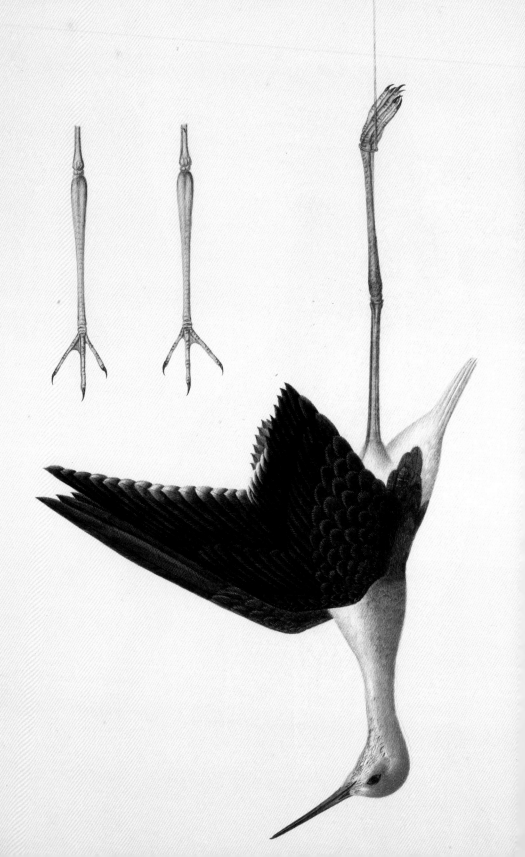

126 x

黑翅长脚鹬（左页图）

（*Himantopus himantopus*），幼鸟

黑翅长脚鹬是一种涉禽，相对于身体的比例而言，它的腿是鸟类中最长的。图中单独画出了它的腿，以展示这一事实。

里夫斯
水彩画，不透明颜料和铅笔
1831年
588mm×479mm

丹顶鹤（上图）

（*Grus japonensis*）

这种鹤类作为长寿的象征出现在许多中国画中。这张图的风格与其说是一张标本图例，不如说是一张传统中国风格的艺术作品。无论如何，它的左下角的确印上了里夫斯的纹章。这意味着它是里夫斯委托创作的图例，而非寻常购买的藏画。

里夫斯
水彩画
约1812-1824年
384mm×486mm
里夫斯纹章

动物学的艺术

上：吕宋鸡鸠（*Gallicolumba luzonica*）

下：白冠长尾雉（*Syrmaticus reevesii*），雄性

该图中与吕宋鸡鸠画在一起的白冠长尾雉广泛分布在中国各地，它的拉丁文学名是以约翰·里夫斯命名的。我们知道里夫斯在1831年退休时，将这种野鸡从中国带到了英国。不过这张鸟类图是在1829年出版的，因此里夫斯很可能在退休以前就已经将另一个标本带到了英国。这张图印的纹章是里夫斯1826年前的纹章版本，这意味着它是在1812年至1824年间完成的。

里夫斯

水彩画

约1812—1824年

410mm×494mm

可装裱的中国博物艺术

红腹角雉

（*Tragopan temminckii*），雄性

角雉生活在从喜马拉雅山东部至华中的广大地区。图中鸟儿色彩
绚烂的翅膀是雄性的特征，雌性的颜色更低调，拥有夹着白点的
褐色翅膀。

里夫斯

不透明水彩画

约1812−1824年

420mm×495mm

鲑色凤头鹦鹉（上图）

（*Cactua moluccensis*）

人们是在东南亚发现这种鸟的，如今它已被列为极度濒危物种。这是因伐木而破坏其栖息地，以及非法捕猎该物种而导致的直接后果。现在它位列于濒危物种国际贸易公约的附录1中，这个名单上的所有物种都面临灭绝的危险。

里夫斯
不透明水彩画
约1826–1831年
416mm×496mm

蓝黄金刚鹦鹉（右页图）

（*Ara ararauna*）

这种大型金刚鹦鹉原产于南美洲。它至今都是一种很受欢迎的宠物，不仅是因为它华美的色彩，还因为它能模仿人类说话。

里夫斯
不透明水彩画
1826–1831年，水印为1826年
498mm×385mm

可装裱的中国博物艺术

65

可装裱的中国博物艺术

印度雕鸮（左页图）

（*Bubo bengalensis*）

这种外观独特的猫头鹰巨大有力，就如图中所显示的一样，它有亮橙色的眼睛、明显竖起的耳状毛簇，以及毛茸茸的双脚。它的栖息地从针叶林延展至岩丘区域，在黎明和黄昏，你都可以从很远的地方听到它深沉的二节拍鸣叫的回声。

里夫斯
水彩画，不透明颜料和铅笔
约1812-1831年
586mm×473mm

鸳鸯（上图）

（*Aix galericulata*）成对，左雄右雌

人们不会把雄性鸳鸯和其他任何鸟类搞混，因为它有令人惊艳的彩虹色翅膀，该图完美地再现了这一点。这种鸟类分布于亚洲各地，它的主要繁殖地之一是华东地区。

里夫斯
水彩画，不透明颜料和铅笔
约1826-1831年
383mm×493mm

动物学的艺术

未知，似是渡鸦（上图）

（Corvus corax）

这张图似乎是描摹自乔治·居维叶1829年的《动物王国》第六卷中的一张图。在当时它算是一张漂亮的范例图，并且无疑是里夫斯在中国可以得到或至少接触到的图。

里夫斯

钢笔与墨水

约1829－1831年

385mm×495mm

绯红金刚鹦鹉（右页图）

（Ara macao）

里夫斯收藏的画作中有几种鸟类并非原产自中国，绯红金刚鹦鹉就是其中一例。金刚鹦鹉来自中南美洲，不过图中这一只无疑已由一位旅行商人或水手带到了广州或澳门。

里夫斯

不透明水彩画

约1829－1831年

538mm×440mm

可装裱的中国博物艺术

草鹭（上图）

（*Ardea purpurea*）

草鹭是一种大型涉禽，广泛分布于南欧及亚洲。这种候鸟在芦苇地或树林间的聚居地中繁殖。图中绘出了它独特且优雅的蛇形颈部。

里夫斯

不透明水彩画

约1829－1831年，水印为1829年

588mm×479mm

大白鹭（右页图）

（*Ardea alba*）

关于中国本土鸟类的许多画作都有相应的标本。它们曾被陈列于大英博物馆中，现在则位于自然博物馆的鸟类系列馆中，其中就包括了这只大白鹭。

里夫斯

不透明水彩画

约1829－1831年

588mm×479mm

可装裱的中国博物艺术

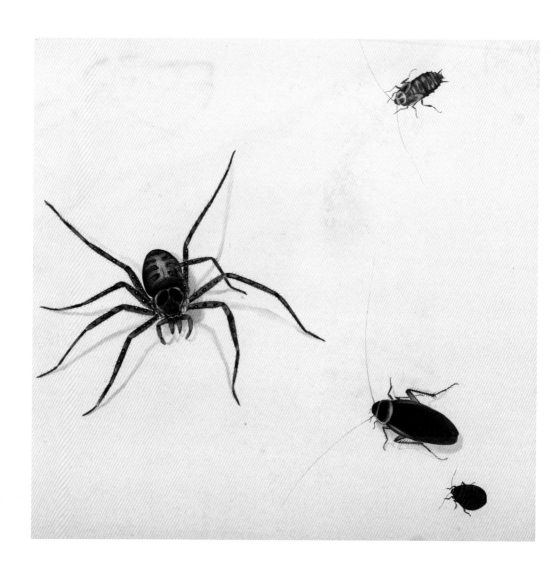

巨蟹蛛科

（*Family Sparassidae*）

里夫斯收藏画作上的生物并不是全都很容易辨认。在这两张图例上的昆虫、蛙与蟹都是未知种类，我们只能判定这只蜘蛛属于巨蟹蛛科。

里夫斯

不透明水彩画

约1817－1831年

277mm×376mm

可装裱的中国博物艺术

蛙与蟹

在中国，蛙类与雨和水相关，从这个国家的远古时代开始，人们
便用这种生物的图形装饰水器和其他手工艺品。蛙类同时也是中
国毛笔画中常见的主题。图中出现了蟹，可能意味着这只蛙是一
只食蟹的海蛙（*Fejervarya cancrivora*），不过图中并没有画出趾蹼。

里夫斯
不透明水彩画
约1812－1831年
344mm×457mm

动物学的艺术

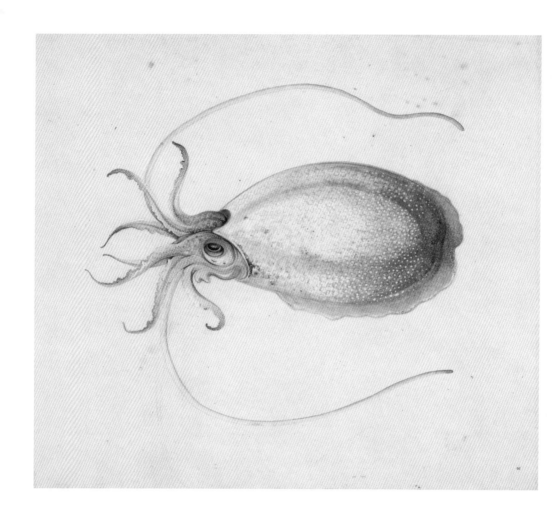

可能是日本无针乌贼

（*Sepiella japonica*）

这只头足类并不是鱼，而是一种海生软体动物，与章鱼和鱿鱼同
属一个群体。像其他的头足类一样，在遇到危险时，它能从墨囊
里喷出一股墨汁。

里夫斯
水彩画，不透明颜料和铅笔
约1812-1831年
352mm×396mm

可装裱的中国博物艺术

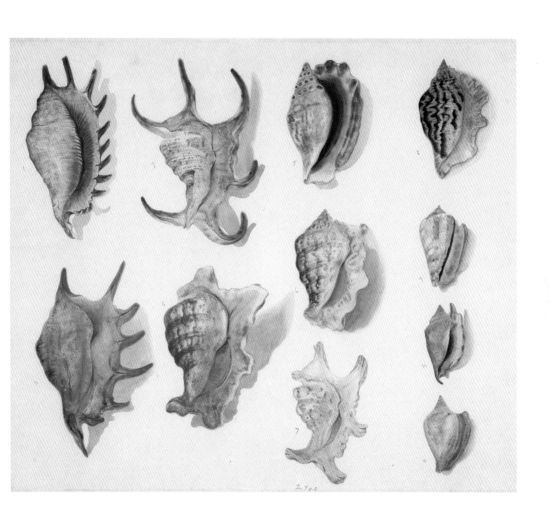

集锦：蜘蛛螺（*Lambis*）（图1-图4、图7）和凤凰螺（*Strombus spp.*）
（图5、图6、图8-图11）

人们通常将这些壳体称为海螺，它们属于海生腹足类，是海里的
蜗牛。海螺肉可食，并且在世界各地都有不同的烹饪做法。而它
们的壳常常会被收集，用于制作装饰、吹奏乐器或建筑材料。

里夫斯

不透明水彩画

1812-1831年，水印为1794年

376mm×461mm

贝壳集锦：鹑螺属（*Tonna*）（左下角两个）
凤凰螺（第2列）和涡螺（*Cymbiola spp.*）（第3至第6列）
在16世纪和17世纪，贝壳因其复杂的结构和美丽的色彩，成为多
宝格上引人注目的展示品。而到了18世纪与19世纪，贝壳的画作
也成为了收藏家们热烈追求的藏品。

里夫斯
水彩画，不透明颜料和阿拉伯树胶
约1812-1831年
377mm×484mm

可装裱的中国博物艺术

宝贝集锦

（*Cypraea spp.*）

宝贝是一种海生腹足类。许多年里，科学家们在对宝贝进行分类时只能完全依据其贝壳形态。而现在，现代分子研究法协助人们为宝贝鉴定出了五十多个属。

里夫斯
水彩画，不透明颜料和阿拉伯树胶
约1812-1831年
377mm×484mm

动物学的艺术

Ocadia sinensis.

中华花龟

（*Mauremys sinensis*）

这是一张不错的动物学图例，它展示了该物种不同角度的视图：
背甲，包括腹甲在内的腹面，以及侧面。

里夫斯
不透明水彩画
约1812—1831年
388mm×486mm

可装裱的中国博物艺术

可能是麻点麻蜥

（ *Eremias multiocellata* ）

中国传统文化中有俗称的五毒，除了蜥蜴外，还有蜈蚣、蝎子、蟾蜍和毒蛇*。

里夫斯
水彩画
约1812−1824年
366mm×474mm

———————

译者注：中国五毒通常指蜈蚣、蝎子、蟾蜍、毒蛇和壁虎。壁虎也属于蜥蜴目。

动物学的艺术

蜥蜴可能是丽斑麻蜥（*Eremias argus*）及昆虫（左页图）

里夫斯收藏的画作是19世纪最出色的博物学收藏系列之一。其中几乎所有的画作都呈现出了艺术观赏性与科学精确性，包括书中的这张图在内，它们都透露出了艺术家的绘画与观察技巧。

里夫斯
水彩画，不透明颜料和铅笔
约1812−1824年
360mm×470mm

集锦：蜥蜴、壁虎和树蜥（上图）

这张图中集合了各种不同的蜥蜴，其中包括树蜥，它是南亚的树栖种类，拥有非同寻常的长尾。它们都有变色的能力，尤其是在激动的时候。第一排从左到右：蜡皮蜥（*Leiolepis reevesii*）、大壁虎（*Gekko gecko*）、南草蜥（*Takydromus sexlineatus*）；中间：变色树蜥（*Calotes versicolor*）；左下：南草蜥；右下：中国石龙子（*Plestiodon chinensis*）。

里夫斯
水彩画
约1826−1831年
382mm×490mm

动物学的艺术

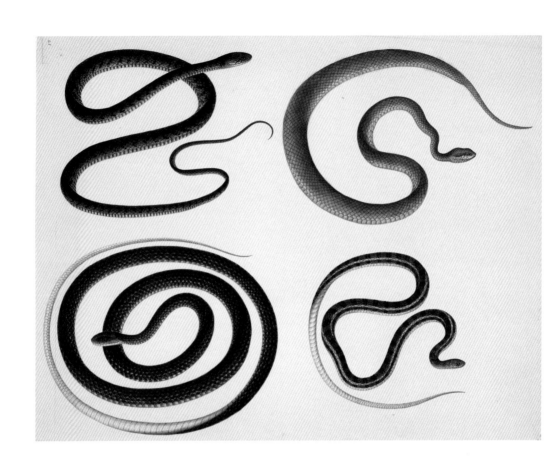

白唇竹叶青蛇（*Cryptelytrops albolabris*），右上
草腹链蛇（*Amphiesma stolatum*），右下以及两条不明蛇类
图中所绘的毒蛇（白唇竹叶青）分布于南亚和东南亚。与许多树
栖毒蛇一样，它是绿色的，以蛙类、蜥蜴和小型哺乳动物为食。
草腹链蛇是一种无毒的小型蛇类，广泛分布于亚洲。

里夫斯
水彩画
约1821-1831年
474mm×600mm

可装裱的中国博物艺术

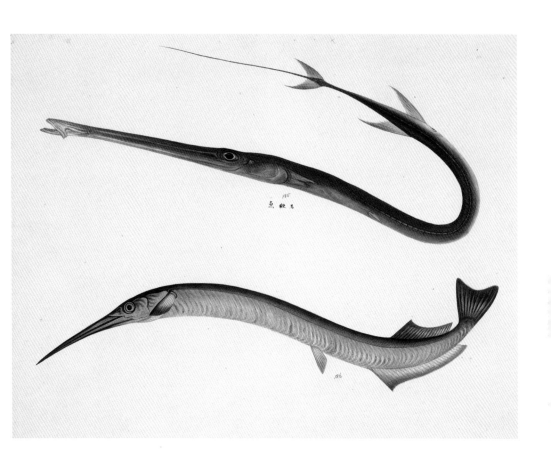

鳞烟管鱼（*Fistularia petimba*）和无斑柱颌针鱼（*Strongylura leiura*）
在关于鱼类绘画的笔记里，里夫斯记录了对每一个种类的注解，
并列出了向艺术家支付薪酬的日期与数目。他几乎每周支付一
次，并且平均每三张鱼类画作支付一美元。

里夫斯
不透明水彩画
约1826—1831年
584mm×463mm

动物学的艺术

中华竹鼠

（*Rhizomys sinensis*）

这种生物栖息于华中与华南地区的竹林中，它以竹根为主要食
物，并在其中挖洞。图中画出了竹鼠的颊囊装满与全空时的两种
状态，并画出了后爪和前爪。

里夫斯

水彩画

约1826－1831年

463mm×592mm

可装裱的中国博物艺术

穿山甲

（*Manis pentadactyla*）

穿山甲原产于印度北部及中国。这种动物没有牙齿，它用自己的
长舌食取蚂蚁和白蚁。它的身体没有毛，皮肤表面覆盖着一层保
护性的鳞甲。

里夫斯

水彩画和铅笔

约1826—1831年

458mm×597mm

动物学的艺术

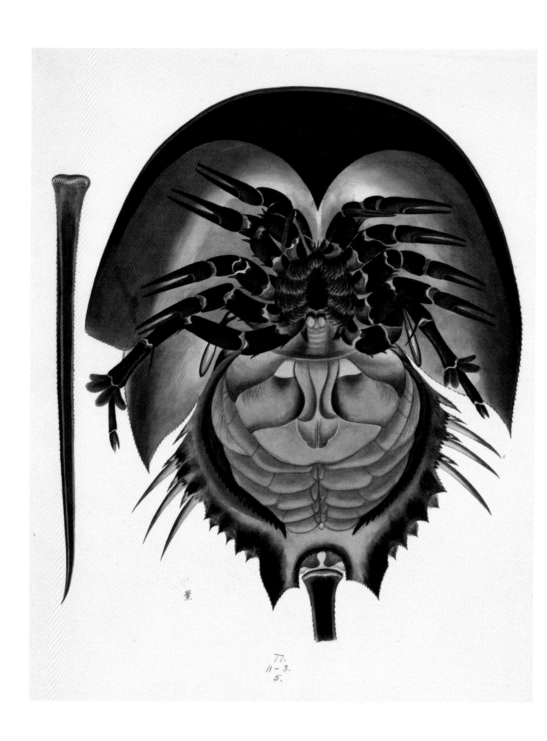

77.
11 - 3.
5.

可装裱的中国博物艺术

虾蛄竹　　虾角　　虾夕　　虾红　　虾赤红　　虾骨子　　虾志长　　虾叶黄　　虾绪伊　　虾绿红　　虾湖大　　虾红白　　虾青大

美洲鲎（左页图）

（*Limulus polyphemus*）

这一种类又称马蹄蟹，因其光滑的外壳形似马蹄。但它并不属于蟹类，而是一种与蜘蛛有远亲关系的节肢动物。腹面观清晰地展示了这一物种的许多特征，包括其口部、螯、五对腿和用来呼吸的叶鳃。

里夫斯
不透明水彩画
约1826－1831年
593mm×473mm

虾类集锦（上图）

虾属于一个拥有三百多个属的族群。它们遍布于所有的水域，包括全世界的淡水和海水系统。在传统中国文化中，虾也是象征长寿的数种生物之一。

里夫斯
水彩画
约1826－1831年，水印为1826年
385mm×494mm

动物学的艺术

蟹虾集锦
在图中每一只生物的下方，都用中文写着其当地名称。这些名称
通常都说明了它们的外观或行为特征。

里夫斯
水彩画
约1826—1831年
384mm×494mm

可装裱的中国博物艺术

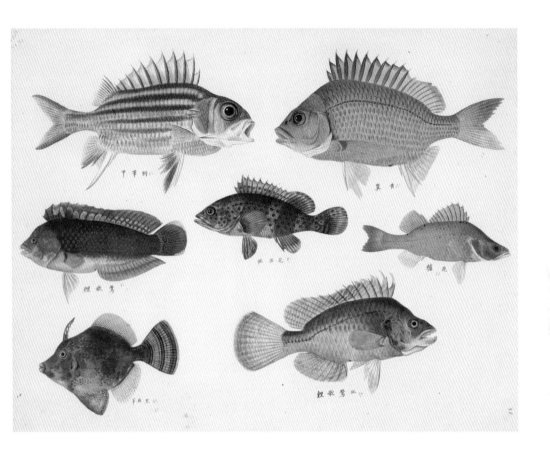

鱼类集锦

描绘鱼类并不容易，因为它们一离开水就会迅速褪色。里夫斯的
艺术家们在重现鱼鳞的彩虹色调时，使用了金粉和银粉。从左上
角顺时针方向到中间为：刺棘鳞鱼（*Sargocentron spinosissimum*）、
黄鳍棘鲷（*Acanthopagrus latus*）、尖吻鲈属（*Lates sp.*）、长鳍鹦鲷
（*Pteragogus aurigarius*）、中华单角鲀（*Monacanthus chinensis*）、云斑
海猪鱼（*Halichoeres nigrescens*）、赤点石斑鱼（*Epinephelus akaara*）。

里夫斯
水彩画
约1826−1831年
385mm×492mm

动物学的艺术

鼬獾（上图）

（*Melogale moschata*）

鼬獾原产于华南地区，是鼬鼠家族中的一种小型地栖种类。它分布于林地和草原，白日睡觉，黄昏便从地洞中钻出，寻找蠕虫、昆虫幼虫和水果为食。正如画中展现的一样，每只个体的面部花纹都大不相同。

里夫斯

不透明水彩画

约1812－1831年

596mm×478mm

白掌长臂猿（右页图）

（*Hylobates lar*）

这种长臂猿曾遍布中国华南地区、泰国、马来半岛和苏门答腊岛北部，不过现在普遍认为它已在中国灭绝。白掌长臂猿是树栖生物，极少下到地表。它们运用自己的长臂和钩状前爪，从一根枝条荡向另一根枝条，在树冠与树冠间腾挪移动。

里夫斯

不透明水彩画

约1829－1831年

570mm×482mm

可装裱的中国博物艺术

狮尾猴（上图）

（*Macaca silenus*）

这种猴子是在印度南部被发现的，它一生中的
大多数时间都生活在树上，以水果、叶子、树
皮、种子和花朵为食。它们是群居生物，一个
群体数量可达20只。由于栖息地越来越少，这一
物种的数量急速下降，现在已被国际自然保护
联盟（IUCN）判定为濒危动物。

里夫斯
不透明水彩画
约1829－1831年
465mm×590mm

狮尾猴（右页图）

（*Macaca silenus*）

里夫斯委托绘画的许多鸟类和哺乳动物都不是
中国原产的。里夫斯收藏画作中的猕猴与托马
斯·哈德威克委托画作中的十分相似，后者是
19世纪早期的一位标本及印度动物艺术品收藏
家。这张画作所用的纸张有1829年的水印，因此
应该是在里夫斯快要退休返回英国时所绘。

里夫斯
不透明水彩画
约1829－1831年
593mm×460mm

可装裱的中国博物艺术

领狐猴（上图）

（ *Varecia variegate* ）

领狐猴发现于马达加斯加岛东部的密林中。它们以小型家族群体聚居，食用水果和树叶，由于栖息地减少和捕猎行为，它们已濒临灭绝。

里夫斯
水彩画，不透明颜料和铅笔
约1829—1831年
462mm×590mm

蜂猴（右页图）

（ *Nycticebus coucang* ）

这种动物又称懒猴，这一别名源自其攀爬树枝时缓慢且仔细的动作。它分布于东印度、越南、马来西亚、印度尼西亚和菲律宾的热带雨林中，其食物包括水果、种子和无脊椎动物。

里夫斯
水彩画，不透明颜料和铅笔
约1829—1831年
493mm×464mm

可装裱的中国博物艺术

豹猫（左页图）

（ *Prionailurus bengalensis* ）

豹猫广泛分布于南亚各地。它们的斑点因其栖息区域的不同而图案各异，生活于北部地区的个体毛发普遍较长。这里的两张图对其目标物种都描绘得比较准确，不过它们各自呈现出了中国艺术与印度艺术的典型风格。

里夫斯
不透明水彩画
约1829−1831年
590mm×465mm

大灵猫（上图）

（ *Viverra zibetha* ）

和这一家族的大多数成员一样，大灵猫能生成一种称为"灵猫香"的刺鼻分泌物。人们收集这种分泌物，将它用于制作香料。这种个头中等的食肉动物是猫鼬的亲属，分布于马来西亚、苏门答腊岛和婆罗洲。

里夫斯
不透明水彩画
约1829−1831年
468mm×592mm

普氏松鼠

（*Callosciurus prevostii*）

这种松鼠分布于马来西亚和印度尼西亚，它们的色彩随其栖息的
地理位置而变化多端。这是一种树栖松鼠，以水果和昆虫为食。

里夫斯
水彩画，不透明颜料和铅笔
约1829－1831年
465mm×600mm

可装裱的中国博物艺术

赤腹松鼠

（ *Callosciurus erythraeus* ）

这种松鼠来自华南地区，和它们的欧洲堂亲一样生活在树林间。
它们活跃于白日，以水果、坚果、种子、树皮和昆虫为食，散布
种子的行为使它们成为当地生态系统中重要的一份子。

里夫斯

水彩画

约1829－1831年

463mm×600mm

可能是金乌贼

（*Sepia esculenta*）

乌贼具有大而扁平的内壳，这一称为"海螵蛸"的结构可以控制
浮力。除了在受到攻击时会喷出墨汁外，它们还能凭借皮肤里的
色素细胞变换自己的颜色。

里夫斯
水彩画，不透明颜料和铅笔
约1829−1831年
466mm×590mm

可装裱的中国博物艺术

黄缘闭壳龟（*Cuora flavomarginata*）（上）和眼斑龟（*Sacalia bealei*）
（下）

两种龟各以三个不同角度展现了背甲、腹面和侧面。眼斑龟原产
自中国，如今已被列为濒危物种。它是一种小型龟类，学名源自
其头顶被称为"眼斑"的环状纹样。

里夫斯
水彩画
1829-1831年
469mm×594mm

鱼（左页图）

在里夫斯收藏画作所描绘的许多新物种中，有七十多种是鱼类，约翰·理查森爵士（1781-1865年）仅凭画作鉴定了所有这些鱼类。它们分别是（从左上角顺时针旋转）：镰海鲶（*Arius arius*）、圆燕鱼（*Platax orbicularis*）、华鲆（*Tephrinectes sinensis*）3条、大口鳒（*Psettodes erumei*）、大牙斑鲆（*Pseudorhombus arsius*）、鲶鱼（*Silurus asotus*）。

里夫斯
水彩画
约1829-1831年
586mm×473mm

翱翔蓑鲉（上图）
（*Pterois volitans*）

据里夫斯的笔记记录，他的艺术家们完成一张鱼类画作与三张拷贝平均需要一天的时间。其他物种画作所需的时间与此相差无几。

里夫斯
水彩画
约1829-1831年
473mm×590mm

动物学的艺术

索 引

斜体页码说明该词在插图附文中

可装裱的中国博物艺术

图书在版编目（CIP）数据

可装裱的中国博物艺术 /（英）朱迪斯·玛吉编著；
许辉辉译. — 北京：商务印书馆, 2016
ISBN 978 - 7 - 100 - 12731 - 8

Ⅰ.①可… Ⅱ.①朱… ②许… Ⅲ.①动物 — 中
国 — 图集②植物 — 中国 — 图集③昆虫 — 中国 — 图
集 Ⅳ.①Q95-64②Q94-64③Q96-64

中国版本图书馆 CIP 数据核字（2016）第269778号

可 装 裱 的 中 国 博 物 艺 术

〔英〕朱迪斯·玛吉 编著

许辉辉 译

商 务 印 书 馆 出 版
（北京王府井大街36号 邮政编码 100710）
商 务 印 书 馆 发 行
山 东 临 沂 新 华 印 刷 物 流
集 团 有 限 责 任 公 司 印 刷
ISBN 978 - 7 - 100 - 12731 - 8

2017年1月第1版　　　　开本 787×1092　1/16
2017年1月第1次印刷　　　印张 7¾

定价：98.00元